DÉPARTEMENT DE LA GIRONDE. — ENSEIGNEMENT AGRICOLE.

LETTRES

ADRESSÉES

A MESSIEURS LES PROPRIÉTAIRES RURAUX ET CULTIVATEURS

DU DÉPARTEMENT DE LA GIRONDE.

NEUVIÈME LETTRE (1854).

Culture des Fourrages-racines.

(*Ces Lettres ou Instructions, sur les principaux sujets de l'Agriculture de la Gironde, sont rédigées et distribuées annuellement conformément aux intentions de l'Administration départementale et au moyen d'une subvention spéciale votée pour cet objet*).

1860

« Les racines nutritives sont une acquisition nouvelle pour » les grandes exploitations ; autrefois reléguées dans les jar- » dins, elles ne servaient qu'à la subsistance de l'homme et » non à celle des bestiaux. Maintenant on a reconnu leur utilité » sous ce dernier rapport ; on a adopté l'usage de les cultiver » en plein champ ; on a appris qu'elles y réussissent parfaite- » ment quand on leur donne les soins nécessaires, et on en a » obtenu une ressource immense. Leur qualité s'est améliorée » pour les hommes eux-mêmes, parce qu'elles ont demandé » moins d'eau et de fumier, et c'est ainsi qu'on est parvenu » à en retirer des avantages incalculables. Les racines, à » volume égal, sont moins substantielles que les grains ; mais » elles le sont plus que les fruits, et si elles renferment moins » de matière nutritive que les premiers, cette infériorité est » compensée bien amplement par l'abondance des récoltes ».

(M. de Morogues : *Essai sur les moyens d'améliorer l'agriculture en France*).

Grand nombre de détails, sur le sujet important qui va nous occuper, ont été fournis à plusieurs reprises, par *L'Agriculture*, recueil mensuel publié depuis *quinze ans*, sous la direction du Professeur d'Agriculture, chargé de l'inspection agricole du département de la Gironde, et tout-à-fait spéciale aux méthodes rurales des départements du bassin de la Garonne. — On souscrit à *L'Agriculture*, au prix de 12 fr. par an, aux librairies Th. Lafargue et Ch. Chaumas, à Bordeaux.

DÉPARTEMENT DE LA GIRONDE. — ENSEIGNEMENT AGRICOLE.

LETTRES

ADRESSÉES A MESSIEURS LES PROPRIÉTAIRES RURAUX ET CULTIVATEURS, PAR LE PROFESSEUR D'AGRICULTURE, CHARGÉ DE L'INSPECTION AGRICOLE DU DÉPARTEMENT DE LA GIRONDE.

NEUVIÈME LETTRE (1).

Cultures des Fourrages-racines.

> « Il n'est personne qui, ayant essayé de l'ex-
> » ploitation et de l'économie rurale, n'accorde à
> » la culture des fourrages-racines, sous le rap-
> » port de la nourriture des bestiaux, une im-
> » portance considérable ».
>
> (TH. SCHWERZ : *Culture des plantes fourragères*).

MESSIEURS,

Longtemps, en France et dans notre Midi surtout, l'agriculture n'eut, pour se procurer les fumiers qui lui sont indispensables, que les prairies naturelles. Plus tard elle adopta les prairies artificielles : source féconde où elle n'a cessé de puiser depuis le complément de cette précieuse matière. Enfin plus tard encore, et presque récemment, elle a demandé aux racines et tubercules des

(1) Dans ces lettres, nous avons successivement traité des sujets suivants : 1848, *Culture du Trèfle ;* 1849, *Assainissement des terres;* 1850, *Prairies naturelles ;* 1851, *Engrais ;* 1852, *Labours ;* 1853 *Culture de la Luzerne.*

substances que les animaux acceptent avec empressement, qui les nourrissent aussi bien que les meilleurs fourrages, que la terre peut donner facilement et qui concourent ainsi à augmenter, dans des proportions souvent extraordinaires, ce qui est avant tout et par-dessus tout le gage de la fécondité de la terre, la cause directe de l'abondance de ses produits.

S'il s'agissait de rechercher les motifs qui ont déterminé, ainsi que nous venons de le signaler, l'ordre successif des acquisitions faites par l'agriculture, dans le domaine des fourrages et engrais et qui ont assigné, quant aux dates, le dernier rang aux fourrages-racines, évidemment on arriverait à reconnaître que c'est avant tout dans la somme des avances exigées que se trouvent ces motifs.

D'abord, on a eu recours aux prairies naturelles, qui produisent toutes seules, qui produisent sans frais, qui sont toujours prêtes : d'où leur serait venu, au dire de Varron, le nom qu'elles portaient en latin *Prata* et que nous avons traduit par *Pré*.

On aurait ensuite passé aux prairies artificielles; à ce choix de plantes susceptibles d'alterner avec les céréales, d'occuper la terre quand celles-ci la laissent libre, en usant d'une hospitalité qu'elles lui paient avec usure, aussi bien par l'action directe qu'elles exercent sur elle, que par les engrais qu'elles lui assurent.

Enfin, on serait venu aux fourrages-racines, parce qu'on aurait compris qu'il peut y avoir avantage à façonner et à fumer des plantes que les hommes ne consomment pas, dont on ne vend pas le produit, mais qui ont le mérite d'assurer à la terre, en engrais, non-seulement de quoi payer toutes ces avances, mais encore de quoi faire produire à celle-ci, tout ce qu'elle peut avoir le plus de peine à nourrir, tout ce dont le cultivateur peut tirer le parti le plus avantageux.

Dans nos contrées et sous l'empire des idées agricoles qui y ont régné longtemps et qui y règnent même encore, on comprend combien a dû être longue la transformation que nous signalons ; combien il a dû être nécessaire, pour qu'elle s'accomplît, que la science, que l'exemple, que la nécessité lui vinssent en aide.

On croyait autrefois que c'était perdre son temps et ses avances que d'accorder quelques travaux, que de donner quelques engrais aux prairies naturelles. Ces idées, il suffit de parcourir nos campagnes pour s'en convaincre, sont encore assez généralement admises.

On trouva étonnant de mettre sur le même rang que le blé qui nourrit les hommes, des plantes qui ne devaient nourrir que les animaux ; d'accorder à ces plantes la même terre, de les faire profiter des mêmes façons, des mêmes préparations, jusque-là exclusivement réservées à ce qui avait toujours été considéré, et avec juste raison, du reste, comme le fond, comme le motif essentiel de la culture.

Enfin, on dut trouver bien plus extraordinaire encore, l'idée de rendre quelques-unes de ces plantes l'objet de tous les moyens de culture dont on peut disposer ; de les travailler avec le même soin, avec la même application que le blé ; de les fumer avec la même abondance, avec la même sollicitude que cette céréale.

Cette dernière hardiesse, tous nos cultivateurs sont bien loin encore de l'avoir acceptée. Il en est beaucoup qui se révoltent à l'idée qu'elle pourrait leur être imposée et qui, de bonne foi, croiraient en l'adoptant manquer, tout à la fois, et à ce que leur prescrivent les calculs les plus vulgaires, et aux soins qu'ils doivent prendre, avant tout et par-dessus tout, d'assurer la production de la denrée qui les nourrit et qui nourrit leurs semblables.

Cette manière de raisonner implique, de la part de ceux qui en font usage, non un aveuglement, non un entêtement contre lesquels il faut s'élever sans pitié; mais simplement un défaut d'entente des problèmes soulevés par la culture, une ignorance des moyens complexes que peut admettre celle-ci au point de développement où elle est parvenue.

On a bien pu entendre répéter, on a bien pu finir par comprendre cet axiome :

Veux-tu du blé,
Plante de l'herbe;

mais ce n'est qu'avec peine que l'on est arrivé à admettre que cette herbe devait être traitée comme la céréale qu'elle doit protéger; surtout à admettre qu'il pouvait être fait usage, en sa faveur, de la matière essentiellement déterminante de la production de cette dernière, de l'engrais.

Or, en fait de fourrages-racines, c'est pourtant ce moyen qu'il faut employer, sous peine d'une non-réussite qui se traduirait alors, non-seulement par la perte du produit recherché, mais encore par une action des plus défavorables qu'aurait à subir la terre et qui nuirait sensiblement aux récoltes suivantes.

On voit donc qu'il y a là toute une combinaison et qu'ainsi il n'est pas étonnant que tous les praticiens ne soient pas également aptes à la saisir. C'est du travail qu'il faut hasarder, alors que celui-ci est souvent cher; c'est du fumier qu'il faut employer, alors que celui-ci est souvent rare, pour obtenir il est vrai une plus grande quantité de ce même fumier, pour s'indemniser, par cette augmentation, des sacrifices qu'elle a motivés; pour imprimer, par sa réalisation, une plus grande activité, une plus grande régularité, à l'ensemble de la production. Ici, le cultivateur devient en quelque sorte spéculateur : il accepte des chances qui, mal conduites, pourraient tourner contre lui : il perd pour gagner.

Tout ce qui précède doit également servir à bien faire comprendre que, dans une exploitation bien ordonnée, la production des fourrages-racines doit avoir des limites relativement assez étroites. D'abord, à cause de la nécessité de ne pas trop étendre les avances, de ne pas trop multiplier les chances dont nous venons de parler; puis également à cause des grands travaux de récolte que peuvent nécessiter certains de ces fourrages, des grandes difficultés de conservation que peuvent présenter certains autres.

Renfermés dans les limites que comportent, plus encore l'état agricole, les améliorations déjà réalisées d'une exploitation, que sa contenance en terre, les fourrages-racines peuvent devenir pour elle une source des avantages les plus précieux, une occasion des progrès les plus réels.

La plupart des plantes qui composent ces fourrages, betteraves, pommes de terre, etc...., exigent des soins de préparation et d'entretien qui les font ranger dans la catégorie des *plantes sarclées;* plantes, on le sait, dont le bénéfice est d'assurer à la terre des façons foncières qui profitent aux récoltes suivantes et des façons d'entretien qui mettent ces mêmes récoltes à l'abri des mauvaises herbes.

Enfin, c'est par les fourrages-racines que l'on peut espérer d'avoir, pendant l'hiver, une alimentation verte pour les animaux, ou au moins de quoi mêler à celle qui est sèche un stimulant pour la faire passer; une substance capable de réduire, de tempérer ce que cette nourriture peut avoir souvent de trop tonique et de trop échauffant.

Quant aux exploitations, et elles sont malheureusement nombreuses, qui n'ont de ressources, l'hiver, que dans la paille, que dans les chaumes, c'est un mode de culture qui peut complètement changer leur manière d'être et les faire passer de la disette à l'abondance.

Nous savons bien que l'on cite la vigne, comme s'opposant, par ses exigences nombreuses et de tous les moments, à la culture des fourrages-racines; mais ce prétexte ne saurait être admis. Dans une exploitation bien réglée il y a du temps pour tout et, à plus forte raison, pour ce qui peut être regardé comme de première nécessité. D'ailleurs, c'est principalement après les vendanges qu'ont lieu les travaux sérieux auxquels peuvent donner lieu ces sortes de fourrages : la préparation de la terre et la récolte des produits.

Nous allons donc indiquer, avec méthode et précision, tout ce qui se rattache aux diverses plantes que l'on peut comprendre, dans nos contrées, parmi les fourrages-racines : c'est-à-dire la rave, la betterave, la carotte, la pomme de terre et le topinambour.

Sur les méthodes de culture proprement dites, déjà pour la plupart généralement connues, nous serons aussi bref que possible, nous réservant d'insister seulement sur ce qui sera nouveau, sur ce qu'il serait urgent d'introduire parmi nous.

PREMIERE PARTIE.

DÉTAILS PARTICULIERS A CHACUNE DES PLANTES COMPOSANT LES FOURRAGES-RACINES.

Pour éviter des répétitions, nous divisons ce travail en deux parties. Dans la première, nous consignons les détails particuliers à chacune des plantes qui vont nous occuper; dans la seconde, les détails qui peuvent s'appliquer à toutes indifféremment.

I.

LA RAVE.

« . . . . Il faut en parler; immédiatement après
» le blé, ou au moins après la fève, parce que
» après ces deux choses, il n'y a rien de meil-
» leur que la rave ».
(Pline, *Hist. nat.*, liv. XVIII, ch. 13).

A. *Historique.*—Comme le prouvent les quelques mots ci-dessus, empruntés à un auteur ancien à qui nous devons les détails les plus précieux sur l'agriculture de son temps, la rave considérée comme fourrage, était extrêmement appréciée chez les Romains. Nous pourrions montrer en outre qu'elle ne l'avait pas moins été chez les nations plus anciennes, qui avaient transmis les règles de la culture à ce peuple célèbre, comme lui-même les transmit à son tour à nos ayeux et particulièrement à ceux qui habitaient le Midi de la France : beaucoup mieux placés, par rapport à la nature des terres et au climat surtout, pour les recevoir et pour les conserver.

Déjà, au temps de Columelle (V.me siècle de l'ère chrétienne), la rave était très-répandue en Gaule et servait à l'alimentation des bestiaux. Un ancien historien nous présente nos aïeux mangeant des raves, buvant de la bière et s'enquérant avec empressement, auprès des étrangers, de ce qu'il y avait de nouveau. Enfin, Charlemagne fait mention, dans ses capitulaires, de cette plante et en prescrit la culture dans ses domaines.

B. *Caractères botaniques.* — La rave appartient à la grande famille naturelle des plantes dites *Crucifères* par les botanistes, à cause que leurs fleurs admettent quatre pétales disposés en forme de croix. A ces fleurs succèdent des siliques ou gousses, renfermant des graines sphériques et susceptibles de fournir de l'huile.

La rave est essentiellement cultivée pour sa racine, qui diffère de forme et de couleur selon les variétés qu'admet cette plante. Les deux principales variétés usitées dans la culture en grand de nos contrées, sont :

1.° La rave dite du Limousin, c'est le *turneps* des Anglais. Elle est de forme ronde, applatie et n'enfonce perpendiculairement dans la terre qu'une sorte de queue garnie dans sa longueur d'un chevelu abondant. Sa chair est blanche et sa partie supérieure et extérieure violette. En Angleterre, il paraît que cette partie est verte.

2.° La rave dite du Périgord. Elle est grosse, ronde, plus ou moins oblongue. Sa chair est également blanche et sa partie extérieure et supérieure violette.

Comme toutes celles du même genre, cette plante a deux périodes bien distinctes de croissance. Dans la première, elle produit ses feuilles qui sont larges, rudes et dentelées, ce qui fait qu'on les distingue facilement de celles des choux ; dans la seconde, elle pousse une tige rameuse qui peut s'élever à un mètre et plus et qui est destinée à porter les fleurs et les graines.

C. *Place et avantage dans l'ensemble de l'exploitation.* — Les raves pourraient figurer de deux manières dans l'ensemble d'une exploitation, au moins s'il était toujours possible de prendre les systèmes de culture usités dans tel ou tel pays, pour les transporter dans tel ou tel autre.

Ainsi on pourrait, et beaucoup de personnes l'ont tenté, consacrer à cette culture l'année de jachère qui sépare deux céréales, ou au moins une céréale d'automne d'une ceréale de printemps; répéter ainsi le célèbre assolement du Norfcolk, en Angleterre, dont tout le monde connaît le mécanisme : 1.° turneps mangés sur place, par les troupeaux; 2.° orge; 3.° trèfle; 4.° blé. Mais, comme le fait observer M. de Gasparin, « la culture jachère du navet, celle dans laquelle il doit passer l'hiver en terre pour y être consommé et qui, laissant la terre libre au printemps, permet de la faire suivre par une récolte de blé de Mars, ne peut se faire que dans un pays où l'on soit assuré de la pluie en été, saison où on sème cette plante et où elle commence à croître (1) ».

Or, non-seulement de telles conditions météorologiques ne sont pas le partage ordinaire de la France et moins encore celui de la partie méridionale de ce pays; mais encore on ne voit bien réussir les navets que dans les provinces les plus humides de l'Angleterre ou de l'Écosse : là où la quantité d'eau qui tombe annuellement dépasse un mètre de hauteur et où l'état hygrométrique de l'air est constamment très-élevé. M. Mathieu de Dombasles, M. F. Bella et autres agronomes ont souvent cherché à faire comprendre combien était peu fondé l'engouement, que trop de cultivateurs peu réfléchis ont eu pour l'assolement du Norfolk et John Sainclair, lui-même, dans son *Agriculture pratique* (1), nous apprend que cette forme de rotation n'a pas pu se maintenir dans la contrée dont elle avait d'abord fait la richesse.

---

(1) *Cours d'agriculture*, tome 4, page 120.

(2) Tome II; page 236.

Pour nous donc, c'est comme *culture dérobée*, comme venant entre deux cultures principales que celle de la rave a une grande valeur. Ainsi, cette plante utilise la terre dans un moment où celle-ci resterait sans emploi, et cela sans nuire ni au produit qui vient d'être obtenu, ni à celui qui suivra ; en protégeant, en approfondissant, en ameublissant le sol ; en assurant les plus heureuses ressources pour l'étable ; enfin en fournissant une masse considérable de matière à convertir en engrais.

Tels sont effectivement les avantages de la rave semée sur le chaume des céréales et consommé pendant le courant de l'hiver.

D. *Climat et terre.*—Ainsi qu'on vient de le voir, notre climat ne convient à la rave que tout autant que nous choisissons, pour faire végéter cette plante, la portion de l'année exempte des chaleurs et des sécheresses qui nous accablent si souvent et qui sont si favorables à nos autres récoltes, particulièrement à celle du vin. Il nous est d'autant plus avantageux de lui accorder ce temps, l'automne et l'hiver ; de la laisser jouir des beaux jours qui peuvent encore se produire, de la chaleur progressivement décroissante qu'ils offrent et des pluies fréquentes qui sont ordinairement leur partage, que la rave ne craint pas nos hivers ordinaires, qu'elle peut rester en terre durant cette saison, en continuant à végéter et à se développer.

La rave aime les terres substantielles et meubles, celles dans lesquelles il lui est possible de puiser le complément de sucs nourriciers dont elle a besoin et d'établir, sans contrainte, les dimensions que doit prendre sa racine. Cette dernière condition, fait comprendre que les terres légères lui conviennent et nous voyons en effet qu'elle réussit à merveille dans nos contrées de landes, où elle vient sans culture, pourvu qu'elle soit semée sur des terres fraîchement labourées et où elle est favorisée d'ailleurs, comme l'avaient déjà remarqué les Anciens, par des vents humides que ces terres doivent à leur voisinage de la mer et par l'excessive humidité que la rosée dépose sur leur surface. Qui sait, en effet, comme se le demande M. le vicomte de Métivier, si le grand usage des raves, dans les landes, ne serait pas un reste, une tradition de l'ancienne souveraineté du peuple d'outre-Manche, dans la ci-devant province de Guienne?

Disons aussi que si les raves oblongues, la variété dite du Périgord, paraissent affectionner particulièrement les terres friables, légères ou sablonneuses; celles qui sont rondes et plates, la variété du Limousin, se plaisent davantage dans les terres plus argileuses et plus fortes.

E. *Ensemble de culture et végétation.* — Après la récolte du blé, ou de seigle, on donne un labour et un ou deux hersages; on fume même si l'on peut et si l'on veut être sûr de la réussite.

En Août, si l'on peut profiter de quelques pluies et au plus tard en Septembre, on répand la graine à la volée, bien qu'il fût mieux de la disposer en lignes, à raison de 2 kilog. et demi par hectare; on recouvre par un labour et un hersage, ou simplement par un hersage (1).

Un mois après environ, il faut donner un binage, ou, ce qui est plus économique, un hersage. Dans le premier cas, les ouvriers procèdent à un éclaircissement qui établit entre chaque pied une distance de 35 à 50 centimètres et ils débarrassent la terre de toutes les mauvaises herbes.

Sous l'influence de ce traitement bien simple et si le

(1) Dans les landes, on se dispense de fumer et même de couvrir la graine.

temps l'a favorisée, la rave, levée au bout de huit jours, s'est rapidement développée, a couvert la terre de son feuillage abondant, et a fourni une racine qui peut atteindre le poids de un à deux kilogrammes.

On mêle aussi bien souvent quelques graines de raves à celles du trèfle incarnat, qui se jettent comme on sait sur les défrichements du chaume. On peut en mêler aussi au maïs que l'on sème comme fourrage vert et même en jeter parmi le maïs cultivé pour son grain, lors du dernier labour donné à cette plante.

F. *Accidents et animaux nuisibles.* — Ce qui peut arriver de plus fâcheux aux raves quand elles ont été semées, c'est la sécheresse qui d'abord les empêche de germer, puis retarde leur développement et les met même hors d'état de l'atteindre complètement.

En outre, cette circonstance favorise l'envahissement de la rave par son plus cruel ennemi, par le puceron ou altise du navet (*Altica napi* Latr.), qui la dévore promptement et qui se joue de tous les moyens de destruction que les anciens et les modernes ont pu imaginer.

Les limaces (vulgairement loches), les limaçons, les chenilles sont encore des ennemis redoutables de la rave, contre lesquels on peut employer des roulages opérés le matin ou le soir et même des canards, qui sont avides de ces animaux et qui ne nuisent pas sensiblement à la jeune plante.

G. *Récolte et emploi.* — A la rigueur et quand le temps lui a été favorable, on peut commencer la récolte de la rave dès les premiers jours de Novembre; cependant il vaut mieux attendre un peu plus, afin d'avoir des racines plus mûres et plus nourrissantes.

Comme la rave ne craint pas nos gelées ordinaires, on ramasse selon les besoins de l'étable et en *jardinant* comme on dit, ou en choisissant les plus belles et les

p. mûres, à mesure et avec un couteau on les racle et on les nettoie.

Cette récolte peut ainsi durer tout l'hiver, mais il est nécessaire qu'elle soit achevée en Février ou Mars ; car alors la rave monterait en graine.

La rave est donnée aux animaux soit crue et coupée à morceaux, soit cuite. (*Nous complèterons ces dernières explications ci-après, dans la seconde partie*).

Les feuilles, les rejetons peuvent aussi être utilisés pour le même emploi.

H. *Graine.* — Pour avoir de la graine, il faut au printemps, transplanter à part, dans un jardin et loin des autres sujets, quelques-unes des plus belles raves : elles monteront, fleuriront et fourniront de la graine en abondance et dont on sera sûr.

II.

LA BETTERAVE.

» Dans les climats du Midi, cette plante a
» le précieux avantage de supporter les séche-
» resses du sol et de l'atmosphère, et de repren-
» dre sa végétation au moment où elle retrouve
» l'humidité qui lui convient ».

(C. DE GASPARIN : *Cours d'Agriculture*, T. IV.).

A. *Historique.* — Il faut remonter à Olivier de Serres, c'est-à-dire à la fin du XVIe siècle, pour avoir la première mention qui ait été faite de la betterave, comme plante de grande culture. « La betterave, dit ce patriarche de l'agriculture française, est une espèce de pastenade, laquelle nous est venue d'Italie il n'y a pas longtemps... Le jus qu'elle rend en cuisant, est semblable à sirop à sucre (1) ».

---

(1) *Le Théâtre d'Agriculture*, L. VI, ch. 7.

Vilmorin, Le B.[n] de Thosse, l'abbé Commerell, etc..., ont beaucoup travaillé, dans le courant du dernier siècle, à propager cette utile plante. Margraff, Achard, Deyeux, Chaptal, Barruel, Dubrunfaut, Math. de Dombasle, etc., lui ont donné une valeur toute nouvelle, en la présentant comme propre à fournir un sucre semblable à celui de la canne.

B. *Caractères botaniques.*— La betterave appartient à la famille naturelle des *Chénopodées* dont le type est le genre Ansérine, ou *Chenopodium.* Les plantes de cette famille, presque toutes herbacées, ont des feuilles alternes, des fleurs petites et verdâtres. Elles fournissent, par la combustion, de la potasse ou de la soude. La betterave est bisannuelle.

Cette plante admet deux variétés principales et également précieuses pour la culture, quoiqu'à des titres différents.

1.° La variété longue et rose, dite aussi champêtre et disette, qui pousse en grande partie hors de terre, qui est très-rustique et qui donne abondamment.

2.° La variété blanche, dite de Silésie, qui pousse moins hors de terre, est plus difficile, acquiert moins de volume ; mais offre une chair moins aqueuse et par conséquent plus nourrissante. C'est celle dont on extrait le sucre.

Sous les rapports nutritifs, la dernière de ces variétés est la première :: 120 : 100. Sous les rapports de l'abondance, la première l'emporte.

C. *Place et valeur dans l'ensemble de l'exploitation.* — La betterave fait partie des plantes dites *sarclées*, à cause des travaux qu'elles exigent durant leur période de végétation et de l'avantage qu'elles ont, et de nettoyer de mauvaises herbes une terre salie par une précédente récolte, et de transmettre cette terre propre à la récolte qui vient après.

Cette plante ne peut pas être admise d'une manière accidentelle et dérobée dans un ensemble de culture; il faut qu'elle y figure en titre et la terre qu'on lui consacre ne peut donner que cette seule récolte dans le courant de l'année. Mais son mode de végétation, les travaux antérieurs et d'entretien qu'elle exige, le fumier qu'il lui faut, celui qu'elle assure : tout se réunit pour la recommander au cultivateur.

D. *Climat* et *terre*.— Les plantes que l'on cultive pour leurs racines, ont besoin d'humidité. C'est là ce qui explique pourquoi la rave, dont nous parlions ci-dessus, donne en Angleterre des résultats que nous ne saurions obtenir et dont il ne nous est possible d'avoir une idée, qu'en cultivant cette plante l'hiver.

La betterave ne saurait échapper à cette règle; mais, par un privilége qui fait que nous devons la regarder comme la plante-racine de nos contrées par excellence, elle peut, quand l'humidité lui manque, suspendre sa végétation active, vivre d'une vie latente, en attendant le moment où les conditions de son existence complète et de son entier développement lui seront rendues.

Ainsi la chaleur et la sécheresse des mois de Juillet et d'Août, quelquefois si intenses qu'elles jaunissent les prairies, dépouillent les arbres de leurs feuilles et détruisent les plantes herbacées, ne font qu'arrêter momentanément la végétation de la betterave. Sitôt que l'humidité revient, cette végétation reprend et comme si la plante, sous cette influence défavorable, avait mis en réserve la force vitale dont elle n'a pu faire usage, on la voit alors progresser et grossir avec une rapidité extrême.

Voici, au surplus, des calculs basés sur les expressions moyennes météorologiques des mois dans la Gironde, que nous fîmes dans le temps et qui donneront une idée de ces phénomènes.

La betterave, qui craint les gelées, ne peut occuper la terre que pendant le temps de l'année durant lequel ce météore ne se produit pas ordinairement : depuis le commencement d'Avril jusqu'à la fin d'Octobre. Or, moyennement, dans nos localités, on sème effectivement à la fin de Mars ou au commencement d'Avril et on récolte à la fin d'Octobre.

Avril.......	La chaleur est à l'humidité	::	5 : 6	} Première végétation.
Mai.........	—	—	::	6 : 8	
Juin........	—	—	::	8 : 9	
Juillet.....	—	—	::	10 : 7	} Temps d'arrêt.
Aout........	—	—	::	10 : 6	
Septembre.	—	—	::	8 : 6	} Deuxième végétation.
Octobre....	—	—	::	6 : 9	

La betterave demande une terre légère, profonde et fertile. Toutefois, plus que la rave, elle accepte dans cette terre une certaine proportion d'argile. Mais ce qu'il lui faut impérieusement, ce sont des préparations convenables, des défoncements si c'est possible, des labours et des engrais.

E. *Ensemble de culture et végétation.*— Ainsi que nous l'avons dit, c'est vers les premiers jours d'Avril que l'on sème la betterave, alors que les gelées ne sont plus à craindre et que la terre conserve encore assez d'humidité pour favoriser la germination de la graine.

Cette graine elle-même doit être grosse et lourde; elle est susceptible de se conserver fort longtemps.

On peut semer de deux manières. A la volée et recouvrir à la charrue. En lignes espacées de 40 à 50 centimètres.

Dans ce dernier cas, on a recours au cordeau des jardiniers, préalablement garni de marques espacées entr'elles de 50 centimètres. A chaque marque, on dépose trois graines, dans trois trous rapprochés que l'on peut faire avec trois doigts de la main ou avec un plantoir. On observe toujours de ne pas enfoncer la graine au delà de 4 à 6 centimètres, surtout dans les terres fortes.

La betterave peut aussi être semée en pépinière et repiquée. Pour cette opération, le semis doit se faire dans une terre bien préparée, bien fumée, autant que possible abritée. Il doit avoir lieu de bonne heure, vers le 15 Mars, afin que la transplantation elle-même puisse s'effectuer vers la mi-Mai au plus tard et prévenir ainsi la chaleur et les sécheresses qui lui seraient hostiles.

Quelle que soit la méthode adoptée, il faut donner un premier sarclage à la betterave dès que ses feuilles atteignent une longueur de 3 à 4 centimètres. Lors de ce sarclage qui ne doit pas être retardé, on éclaircit les jeunes plantes, en retranchant les plus chétives, en repiquant celles qui manquent, en conservant entr'elles les espaces indiquées ci-dessus. Les autres sarclages doivent être répétés toutes les fois que les herbes ont de nouveau envahi le semis et continués jusqu'au moment où la betterave, par le développement de ses feuilles, prévient elle-même cet envahissement.

C'est pour des plantes de ce genre que sont précieux les semoirs, les houes à cheval et tous les instruments destinés au traitement économique des cultures en lignes.

Le mode de culture de la betterave par transplantation ou repiquage, a reçu depuis quelques années un perfectionnement très notable et que nous nous sommes appliqué à répandre dans le département de la Gironde, par cette raison surtout que ce perfectionnement intéresse essentiellement les contrées méridionales. Laissons M. de Gasparin nous expliquer le traitement de la betterave par la *méthode de transplantation hâtive, ou méthode Kœchlin.*

« Nous avons dit, écrit cet agronome éminent, que pendant sa première année, la betterave grossissait en proportion du temps pendant lequel elle jouissait à la fois de la chaleur et de l'humidité nécessaires. Les semis en place faits en Mars et en Avril, outre qu'ils sont sujets à être détruits par la gelée, ne donnent à la plante que six mois de végétation, et dans les pays méridionaux il faut retrancher de cette durée environ deux mois d'été et de sécheresse. La transplantation l'abrège encore par le retard apporté par la reprise à la vie active de la plante. Mais si l'on pouvait gagner un mois et demi ou deux mois au commencement du printemps, non-seulement on doterait la plante de ce prolongement de vie, mais encore on la ferait vivre à l'époque où la terre est suffisamment humide, et qu'elle emploierait plus utilement que dans les mois d'été. Ces considérations ont conduit M. Kœchlin à faire ses semis sur couche dès le mois de Janvier pour pouvoir repiquer, en Alsace, vers le 15 Avril. C'est ainsi qu'il a obtenu, dans des terres parfaitement préparées, des récoltes de 17 kilogr. par betterave, et de 340,000 kilogr. par hectare.

« La couche, si peu dispendieuse en comparaison de ses résultats, doit prendre place désormais dans toute bonne agriculture. Nous avons vu ses effets à propos de la batate; elle met le cultivateur en état de maîtriser la température comme il maîtrise l'humidité par l'irrigation; elle complète sa domination sur la nature.

« Aidé de ces moyens artificiels, le semis fait dans un terrain riche et bien préparé pousse avec vigueur et peut être beaucoup plus serré que dans les semis faits en plein champ. M. Kœchlin emploie 40 mètres carrés de couche pour obtenir 20 mille plants qui, chez lui, occupent l'hectare. (1 mètre de distance entre les lignes 0^{m},50 dans les allées).

« Cette méthode est trop bien adaptée à notre climat du Midi et à ses sécheresses du printemps pour que nous ne nous soyons pas empressé de l'adopter. M. Auguste de Gasparin en avait reçu la confidence de son auteur, alors son collègue à la Chambre des députés, avant qu'il l'eût publiée; et, depuis plusieurs années, il en obtient des succès constants que lui refusait la méthode des semis en place. Les semis sur couche nous donnent aussi 500 plants par mètre carré, espacés de 4 à 5 millim. l'un de l'autre, quoiqu'on ait espacé les glomérules de graines de $0^{m},1$; mais on sait que chaque agglomération de graines donne naissance à plusieurs plantes. Dans un terrain riche, cet espace suffit à leur développement. La plantation se fait au mois d'Avril, au moment où les betteraves semées en place ne sont pas encore hors de terre. Les nôtres jouissent donc de tous les bénéfices du mois de Mai et de Juin, et sont déjà grosses quand arrivent les sécheresses de l'été. La végétation devient faible alors et ne reprend qu'au retour des pluies d'Automne (milieu de Septembre), qui en peu de temps leur font acquérir la grosseur que nous désirons. Moins bien placé que M. Kœchlin, nous obtenons cependant 110,000 kilogr. par hect. là où, par la méthode des semis, nous atteignons à peine le chiffre de 20,000 (1) ».

Cette méthode, expérimentée avec soin à la colonie de Mettray (Indre-et-Loire), sous la surveillance de M. Minangoin, directeur des cultures, a donné lieu aux résultats suivants, tout-à-fait dignes de l'attention des cultivateurs de la Gironde.

» 1.° La betterave, repiquée dans les mois de Mars et Avril, peut résister dans certaines circonstances, à un abaissement de température de 4° au-dessous de zéro.

---

(1) *Cours d'Agriculture*, t. IV, p. 93.

» 2.° Elle prend son développement dans les derniers temps de sa végétation et l'on a pu constater que le poids de la racine avait doublé dans les 24 derniers jours de sa culture;

» 3.° La méthode Kœchlin donne des produits qui peuvent s'élever jusqu'au triple de ceux que fournit la méthode ordinaire du semis sur place;

» 4.° Un pincement fait avec intelligence et suffisamment répété peut atténuer et même faire disparaître complètement la perte qui résulterait de la disposition à monter à graine (1) ».

Les feuilles de betterave peuvent aussi servir à la nourriture des vaches et des cochons. Mais c'est une bien pauvre nourriture, puisque d'après des auteurs recommandables, il faudrait 600 kilogr. de ces feuilles, pour remplacer 100 kilogr. de foin. Pour nous, nous nous sommes assuré par nos propres expériences que la feuille de betterave, en séchant, perdait 86,50 parties de son poids et qu'elle n'offrait par conséquent que 13,50 parties solides, sur 100.

La betterave ramassée à la fin d'Octobre, par un beau temps et avec des précautions en vue d'éviter les cicatrices, les machures, etc..., se conserve très bien, rangée en meule dans un lieu sec et couverte de paille.

H. *Graine*. Pour avoir de la bonne graine, il faut choisir au moment de la récolte quelques beaux sujets, les conserver avec soin durant l'hiver, à l'abri da la gelée et de l'humidité et les replanter au printemps dans une bonne terre bien préparée et bien fumée. La graine est mûre vers le mois de Juin.

---

(1) *L'Agriculteur praticien.*

III.

LA CAROTTE.

« Il n'est pas de plante-racine qui soit plus du » goût de tous les animaux et qui les nourrisse » mieux, depuis la volaille jusqu'au cheval, que » la carotte ».

(J. N. Schwerz, *Culture des plantes fourragères*).

Voilà encore une plante qui a passé de nos jardins dans la grande culture, au grand avantage de celle-ci, quand elle peut la traiter comme il convient et s'assurer tous les bons résultats qu'il lui est possible d'en obtenir.

Cette plante, de la famille naturelle des ombellifères, a deux variétés parcipalement recherchées par la culture : la *jaune commune*, la *blanche à collet vert*. Son mode de végétation a le double inconvénient de la rendre difficile pour la terre, qu'elle aime meuble, profonde bien préparée et bien fumée avec du fumier consommé, et pour son traitement, qui doit être minutieux et soutenu ; car sa graine est petite et germe avec tant de lenteur que le champ a le temps de se couvrir d'herbes avant que la carotte ne se soit montrée.

On sème avec de la graine d'un an et à raison de 2 à 3 kilogr. par hectare, en Mars et en lignes distantes l'une de l'autre de 50 centimètres. On sarcle toutes les fois que l'herbe menace d'envahir le champ ; souvent même dans les commencements, on arrache ces herbes avec la main, on éclaircit, enfin on ne perd pas de vue le champ jusqu'aux temps de la récolte.

Cette récolte se fait comme celle de la betterave et dans le même temps, le mode de conservation est aussi le même, ainsi que les pratiques propres à se procurer la graine; car la carotte est encore une plante bisannuelle.

Dans une exploitation où les terres, d'ailleurs de bonne qualité, ont été bien conduites et sont arrivées à un haut degré de fertilité, on peut semer les carottes à la volée en même temps que d'autres plantes destinées à la protéger : blé, lin, colza, orge, sarrazin, etc... Après l'enlèvement de ces plantes, on donne un ou plusieurs sarclages selon le besoin.

En procédant de cette dernière manière, on emploie de 4 à 5 kilog. de graine par hectare.

IV.

LA POMME DE TERRE.

> « Les autorités constituées sont tenues d'employer tous les moyens qui sont en leur pouvoir, dans les communes où la culture de la pomme de terre ne serait pas encore établie, pour engager tous les cultivateurs à planter, chacun selon ses facultés, une portion de leur terrain en pommes de terre ».
>
> (*Décret du 23 Nivose, an II*).

A. *Historique.* — La pomme de terre est originaire de l'Amérique méridionale, d'où elle fut importée en Europe, vers l'an 1586, par le navigateur anglais Drake. Deux ans plus tard, en 1588, le célèbre botaniste, Ch. de l'Écluse en reçut deux tubercules de Philippe de Sivry, gouverneur de Mons qui, lui-même, en avait été gratifié par le légat du pape en Belgique; car il paraît que c'est d'abord en Italie que s'était répandu le précieux tubercule. Longtemps recherchée comme objet de curiosité et admise tout au plus dans les jardins, la pomme de terre ne commença à acquérir de l'importance et a être généralement connue en France que dans le courant du XVIIIe siècle. Une circonstance qui avait beaucoup nui à sa propagation, c'est l'idée, admise chez le peuple, qu'elle donnait la lèpre, ou au moins qu'elle participait aux propriétés délétères des autres plantes de la famille naturelle à laquelle elle appartient, des *solanées*, et qu'elle épuisait les terres au point de les rendre stériles pour toute autre culture.

Turgot, dont l'administration fut marquée par des mesures sages et libérales qui recommanderont à jamais sa mémoire, n'eut pas de peine à comprendre qu'il y avait là un moyen de prévenir les famines, jusqu'à ce moment si fréquentes et si désastreuses et, dans l'intention de lever tout obstacle à la culture de la nouvelle plante, il provoqua en sa faveur une sorte de manifeste de la Faculté de médecine de Paris, une déclaration portant qu'elle pouvait fournir l'aliment le plus sain et le plus bienfaisant.

Parmentier entreprit aussi, vers le même temps, les grands travaux qui devaient achever de populariser la pomme de terre et aux succès desquels contribuèrent si bien les terribles disettes de 1792 et 1793. On ne peut raconter sans admiration et sans attendrissement les pratiques singulières, les moyens ingénieux dont fit usage l'illustre philantrhope pour mettre l'humanité en possession du plus précieux trésor qu'avait pu lui fournir le Nouveau-Monde. C'est ainsi, entr'autres, qu'il affecta de faire garder par des soldats, des pommes de terres, entassées sur le champ qui les avait produites aux environs de Paris et en vue de faire naître précisément l'idée de les lui voler. A l'annonce du succès qu'avait obtenu ce singulier moyen, on l'entendit dire plusieurs fois : *Ils me les volent, tant mieux; donc ils s'y accoutument!* C'est ainsi encore qu'en vue d'agir sur une autre classe d'hommes, tout aussi faciles à prendre quoique par des moyens différents, on le vit obtenir de Louis XVI, qu'en un jour de grande réception, au palais de Versailles, le bon roi donnerait audience à toute sa Cour, après avoir orné son habit d'une fleur de pomme de terre. L'effet de cette démonstration fut prodigieux : tous les grands seigneurs voulurent avoir des pommes de terre : tous donnèrent ordre à leurs intendants et à leurs subordonnés de se livrer avec ardeur à la culture de cette plante. Enfin, mentionnons encore le grand et solennel banquet que fit servir Parmentier à tous les dignitaires de l'État et dont la pomme de terre fit tous les frais : on savait déjà et on n'a cessé de se convaincre depuis, combien les banquets peuvent avoir de l'influence, sur la destinée des choses des hommes (1).

D'autres mesures et entr'autres celle que nous rappelons en tête de ce paragraphe ; les exigences d'une population de plus en plus nombreuse ; les disettes du XIXme siècle ; les efforts des agronomes ; les progrès de l'agriculture, achevèrent de propager la pomme de terre et de la placer au rang des sources les plus fécondes de l'alimentation des hommes et des animaux.

(Les détails de la culture de la pomme de terre sont trop connus pour que nous les reproduisions ici. On les trouve d'ailleurs dans tous les traités d'agriculture pour aussi élémentaires qu'ils soient).

---

(1) Ce fut pour reconnaître tant d'efforts et tant de succès, que l'on voulut donner à la pomme de terre le nom de son grand propagateur, qu'on voulut la nommer *Parmentière ;* malheureusement cette louable tentative ne réussit pas. Combien d'autres hommes cependant ont eu le privilège de perpétuer leur nom, par des travaux d'une bien moindre importance et d'une toute autre nature. Les époques de troubles et d'exécution en masse qui suivirent immédiatement les temps que nous rappelons, nous en offrent particulièrement un triste et remarquable exemple !

V.

LE TOPINAMBOUR.

« Des végétaux qui entrent dans la grande culture
» le topinambour est un de ceux qui produisent le
» plus en consommant le moins d'engrais et exigeant
» le moins de façons ».

(J. B. Boussingault : *Economie rurale*, T. I).

Le Topinambour, plante de la famille naturelle des *radiées*, nous est également venu d'Amérique et son introduction en Europe paraît même plus ancienne que celle de la pomme de terre. Mais ses avantages, les ressources qu'il offre à la culture étant bien moins considérables que ceux de cette dernière, on comprend que sa propagation ait été beaucoup plus lente et son emploi beaucoup moins général.

Néanmoins, le bétail accepte avec plaisir les tubercules du topinambour; il mange aussi ses feuilles vertes et l'on sait que ces tubercules, préparés dans nos cuisines, rappellent le goût agréable des artichauts.

On plante le topinambour comme la pomme de terre; seulement on peut le faire beaucoup plutôt et presque dans toutes les qualités de terres. Quelques sarclages, dans le cours de la végétation, produisent un bon effet et assurent un produit qui peut être très-considérable, dans les bonnes terres et dans les bonnes années.

Un des grands avantages du topinambour, c'est de ne pas craindre la sécheresse, c'est de ne pas craindre non plus le froid et de pouvoir être cueilli durant tout l'hiver, pour être donné immédiatement aux animaux. Mais ce qui lui a nui, c'est la grande difficulté, quelques fois l'impossibilité de débarrasser le sol de sa présence, quand on veut lui faire succéder une autre plante; ce sont les labours, les travaux à la main, qu'exige l'enlèvement des repousses qu'il tend sans cesse à projeter. Cette circonstance, jointe à la propriété qu'il a de se succéder à lui même sans interruption, font qu'on peut lui abandonner exclusivement un coin de terre, de préférence dans une situation ombragée, comme une clairière de bois. De la sorte, en lui donnant un fort labour au printemps, en recouvrant de terre les tubercules que la charrue à mis à nu, on est sûr qu'une nouvelle récolte de cette plante viendra s'ajouter encore à toutes celles qu'on aura déjà pu en obtenir.

DEUXIÈME PARTIE.

DÉTAILS COMMUNS A TOUTES LES PLANTES COMPOSANT LES FOURRAGES-RACINES.

A. *Production.* Les différentes plantes que nous avons énumérées ci-dessus, donnent des produits qui sont, quant à leur quantité, extrêmement variables. Les causes de ces variations sont la qualité de la terre, la quantité de l'engrais, le nombre et la bonne application des travaux et, pour nous surtout, l'influence des phénomènes météorologiques de l'année.

Au milieu de tout cela, néanmoins, il est possible d'assigner des chiffres; mais ces chiffres, que nous inscrivons ci-dessous, on ne doit les admettre que comme de simples renseignements, comme des indications générales pour la localité que nous habitons. On peut obtenir, terme moyen, par hectare :

Raves.	15,000	kilog.
Betteraves	20,000	»
Carottes.	18,000	»
Pommes de terre	16,000	»
Topinambours.	17,000	»

B. *Composition.* — Tous les produits végétaux dont nous nous occupons, ont l'avantage d'être plus ou moins aptes à la nutrition des animaux auxquels on les destine : l'expérience l'a prouvé et le prouve chaque jour ; mais la science a voulu savoir quelles étaient les causes de cet avantage et par conséquent de la variation qu'il éprouve, suivant qu'on l'examine, comme nous le ferons ci-après, dans chacune des espèces qui font le sujet spécial de ce travail.

Or, ces causes, il faut les rechercher dans la nature particulière et la quantité relative de chacune des substances que la chimie signale, comme constituant ces espèces; substances qui sont assez nombreuses, mais donc nous ne citerons que les principales : le sucre, les matières azotées (albumine, etc..), la fécule.

Le Sucre. — Cette substance, que son goût fait facilement connaître, se trouve dans presque toutes les plantes dont nous nous occupons. Mais bien souvent combinée avec d'autres principes dont il est difficile de la séparer; elle varie d'ailleurs par sa quantité et par la propriété, qu'elle a chez certaines et qu'elle n'a pas chez d'autres, de pouvoir cristalliser.

Matières azotées. — L'azote qui est le principe auquel les substances animales doivent la grande supériorité dont elles jouissent, par rapport à l'alimentation, se rencontre dans quelques-unes des matières végétales, dans le gluten, dans l'albumine.

Le gluten paraît être le privilège exclusif des céréales; c'est lui principalement qui donne au pain ses propriétés nutritives (1). Quant à l'albumine, on la rencontre plus généralement et les plantes dont nous nous occupons en contiennent toutes.

(1) Il est très-facile d'obtenir le gluten des céréales. — Il faut prendre une poignée de pâte dont on va faire du pain et la malaxer

Fécule. — La fécule est une matière très-nutritive, que l'on rencontre dans un grand nombre de plantes et notamment, pour celles qui fixent actuellement notre attention, dans la pomme de terre et même dans le topinambour. Les animaux digèrent facilement cette substance, qui laisse peu de résidus excrémentiels et fournit beaucoup de chyle (1).

Maintenant, voici un tableau résumant la composition générale de toutes ces plantes, au point de vue qui nous occupe, c'est-à-dire par rapport à leur emploi pour l'alimentation des animaux de l'étable.

MATIÈRES CONSTITUTIVES.	POMMES de terre.	Topinambours.	Carottes.	Betteraves.	Raves.
Fécule.	20,15				
Sucre.		14,70	8,20	8,00	6,20
Matières azotées.	1,30	3,00	0,80	1,50	1,50
Matières diverses, fibres, etc. .	3,75	5,30	4,60	3,50	3,30
Eau de végétation.	74,80	77,00	86,40	87,00	89,00

C. *Valeur nutritive.* — La valeur nutritive des différentes plantes, employées comme fourrages, est basée sur la proportion relative que présente chacune d'elles, en matières capables d'être assimilées par les animaux, dans l'acte compliqué de la digestion. Or, ces matières, quoiqu'à des titres différents, sont celles que nous venons de

dans un sceau d'eau tout le temps qu'elle laisse échapper des matières blanches qui troublent l'eau; quand ces matières ne s'échappent plus, que l'eau claire n'en est plus troublée, on a dans la main une matière gluante, d'un gris plus ou moins foncé : c'est le gluten qui en se desséchant devient d'un brun jaunâtre et très-cassant.

(1) La présence de la fécule, dans une substance végétale, est facile à constater. — Il faut prendre une portion de cette substance, un morceau de pomme de terre par exemple, si riche en fécule, la faire bouillir dans de l'eau, puis l'y écraser, l'y bien mélanger et filtrer. Dans la liqueur obtenue, il suffit ensuite de verser quelques gouttes d'un réactif nommé *teinture d'Iode,* pour y déterminer une couleur bleue des plus prononcées. — Cette couleur est l'indice certain de la présence de la fécule.

désigner, et leur état proportionnel, par rapport à l'eau qui ne nourrit pas, est ce qui décide de la valeur des fourrages divers comparés entr'eux.

En outre de cette indication, basée sur la théorie, sur les démonstrations de la chimie, il en est une autre dont il faut tenir un compte sérieux : c'est celle qui résulte de l'expérience et de l'observation.

C'est en s'appuyant sur ces deux termes d'appréciation que l'on a, dès longtemps, dressé des tables dans lesquelles chaque espèce de fourrage est estimé, par rapport au bon foin pris comme type et comme terme de comparaison.

Les chiffres suivants ont donc pour but de faire connaître, non-seulement quelle est la valeur des différents fourrages dont nous nous occupons ici; mais encore combien il faut, de chacun de ces fourrages, pour tenir lieu de 100 kilog. de bon foin.

Peuvent remplacer 100 kilog. de bon foin.	200 kilog.	de	pommes de terre.
	205	—	topinambours.
	275	—	carottes.
	300	—	betteraves.
	450	—	raves.

Il est des préparations qui peuvent ajouter beaucoup à la valeur nutritive de certains fourrages. Ainsi entr'autres la cuisson, au moins quand il s'agit d'animaux que l'on veut engraisser, ou dont on veut utiliser le produit en lait; car autrement, ce mode de procéder pourrait affaiblir les animaux qui travaillent et principalement les bœufs d'attelage.

On comprend très-bien que des matières souvent dures et cassantes, comme la pomme de terre, la betterave, la rave, etc.... seront d'une mastication et d'une digestion bien plus faciles, bien plus profitables, si l'on a ramolli leur tissu au moyen d'une cuisson préalable (1). D'ailleurs c'est un moyen de mêler à la substance dont on veut faire la base de l'alimentation, d'autres objets qui seraient sans valeur et qui peuvent ainsi entrer dans la composition d'une sorte de soupe.

Il est, pour la cuisson, des appareils plus ou moins économiques, il en est à la vapeur.

Dans le canton de Monségur, arrondissement de La Réole, nous avons vu une chaudière économique, puisqu'elle profite du combustible affecté à la soupe du ménage, pour la propagation de laquelle et sur notre initiative, la Société d'Agriculture de la Gironde accorda, en 1853, à M. l'abbé Dupeyron, une médaille d'argent. La figure ci-après et les quelques mots de description qui suivent, en feront parfaitement comprendre les principaux détails.

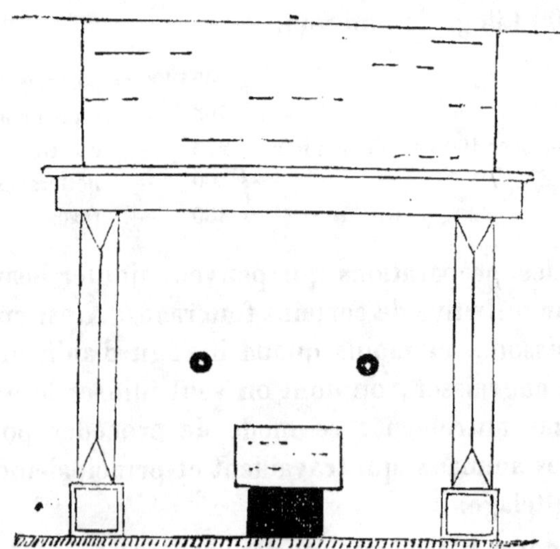

Placée en face de la cheminée que représente la figure

(1) C'est ainsi que l'on considère 200 kilog. de pommes de terres cuites, comme pouvant remplacer 250 kil. de pommes de terrecrues.

ci-dessus, la personne qui veut se fixer sur la chaudière dont il s'agit a, devant elle, cette chaudière, ou au moins un des petits côtés du parallélogramme qu'elle forme et qui affleure avec le fond de la cheminée, avec la partie contre laquelle agit le feu et que l'on revêt ordinairement pour cela d'une plaque de fonte de fer. Ainsi, c'est cette chaudière elle-même, qui tient lieu de cette plaque, qui forme cette plaque.

Au dessous est un vide, d'environ 20 centimètres de hauteur et d'une largeur à peu près égale. C'est le cendrier, sous lequel une partie du combustible et les charbons s'engagent et dans lequel l'air, l'aliment de la combustion, a un libre accès, au moyen de deux ouvertures ou tuyaux pratiqués dans l'épaisseur du mur et venant aboutir au-dessus de la chaudière, ainsi qu'on les voit marqués dans la figure ci-dessus.

On comprend que ces tuyaux peuvent être disposés de manière à assurer plus de chaleur à la chaudière; à chauffer les deux grands côtés du parallélogramme qu'elle forme, en faisant onduler la flamme contre ces côtés.

Maintenant, si on se transporte derrière la cheminée, dans la pièce qui doit s'y trouver et qui est ordinairement, dans la disposition simple et ingénieuse de nos constructions rurales, la grange séparant l'étable de l'habitation du métayer, on a encore en face de soi la chaudière, faisant saillie sur la muraille dans laquelle elle se trouve engagée comme un tirroir : cette muraille, dans le plus grand nombre de cas, n'ayant pas une épaisseur assez considérable pour en absorber complètement toute la capacité.

On comprend que, dans cette même muraille, un vide doit aussi être ménagé au-dessus de la chaudière, afin de pouvoir y mettre l'eau que l'on veut faire chauffer ou les objets que l'on veut faire cuire. Enfin on munit aussi la chaudière d'un robinet, pour pouvoir la décharger facilement, ce qui ne pourrait avoir lieu sans ce secours, à cause de son immobilité.

Ajoutons que cet appareil simple et économique, offre encore le précieux avantage de rendre plus libre le foyer commun et de débarrasser la chambre, dans lequel il se trouve, de ces vapeurs épaisses, de ces exhalaisons quelquefois malsaines, des substances diverses que l'on fait cuire pour l'alimentation du bétail.

En Allemagne, on fait fermenter les racines et tubercules que l'on donne aux animaux. Cette pratique serait peut-être difficile parmi nous, surtout à cause des petites quantités des fourrages de ce genre que l'on emploie encore et de l'irrégularité de cet emploi.

Enfin, c'est encore un très-bon procédé que de couper par tranches, que de hâcher ces mêmes produits, quand on veut les donner aux animaux. Ils les digèrent mieux, ne courent aucun risque de s'étrangler et le mélange qu'on peut vouloir leur faire subir, avec du son ou autre chose, est aussi beaucoup plus facile.

On peut se procurer chez M. Hallié à Bordeaux, des coupe-racines de plusieurs sortes : depuis le coupe-racines à levier, qui est simple, bon marché et qui convient à la petite propriété, jusqu'à ceux dits à tambour et à disques tranchants, qui sont plus en harmonie avec les grandes exploitations.

19 Mai 1854.

BORDEAUX. — IMPRIMERIE DE TH. LAFARGUE.

www.ingramcontent.com/pod-product-compliance
Lightning Source LLC
LaVergne TN
LVHW052012160826
845678LV00003B/1020

* 9 7 8 2 3 2 9 6 4 8 8 4 2 *